Dettagli

Nome:	
Azienda:	
Telefono:	
Telefono:	
Email:	

Dettagli sull'emergenza

Nome:		Nome:	
Azienda:		Azienda:	

Importante:

Data:		Giorno:	Lun	Mar	Mer	Gio	Ven	Sab	Dom

Azienda:

Telefono:

Ore perse a causa del maltempo	Visitatori

Condizioni meteo	
AM	PM

Programma	Problemi/ Ritardi

Data di completamento:		
Giorni di anticipo sulla tabella di marcia:		
Giorni di ritardo rispetto alla tabella di marcia:		

Problemi di sicurezza	Incidenti

Riepilogo del lavoro svolto oggi

Firma:	Nome:

Attrezzature in cantiere	Unità	Lavoro	
		Sì	No

Dipendente/ Appaltatore	Commercio	Ore contrattuali	Lavoro straordinario

Materiali consegnati	Da e tariffa	Attrezzature noleggiate	Unità

Note

Data:		Giorno:	Lun	Mar	Mer	Gio	Ven	Sab	Dom

Azienda:

Telefono:

Ore perse a causa del maltempo	**Visitatori**

Condizioni meteo	
AM	PM

Programma	**Problemi/ Ritardi**
Data di completamento:	
Giorni di anticipo sulla tabella di marcia:	
Giorni di ritardo rispetto alla tabella di marcia:	

Problemi di sicurezza	**Incidenti**

Riepilogo del lavoro svolto oggi

Firma:

Nome:

Attrezzature in cantiere	Unità	Lavoro	
		Sì	No

Dipendente/ Appaltatore	Commercio	Ore contrattuali	Lavoro straordinario

Materiali consegnati	Da e tariffa	Attrezzature noleggiate	Unità

Note

Data:		Giorno:	Lun Mar Mer Gio Ven Sab Dom
Azienda:			
Telefono:			

Ore perse a causa del maltempo	Visitatori

Condizioni meteo

AM	PM

Programma	Problemi/ Ritardi
Data di completamento:	
Giorni di anticipo sulla tabella di marcia:	
Giorni di ritardo rispetto alla tabella di marcia:	

Problemi di sicurezza	Incidenti

Riepilogo del lavoro svolto oggi

Firma:	Nome:

Attrezzature in cantiere	Unità	Lavoro	
		Sì	No

Dipendente/ Appaltatore	Commercio	Ore contrattuali	Lavoro straordinario

Materiali consegnati	Da e tariffa	Attrezzature noleggiate	Unità

Note

Data:

Giorno: Lun Mar Mer Gio Ven Sab Dom

Azienda:

Telefono:

Ore perse a causa del maltempo	Visitatori

Condizioni meteo

AM	PM

Programma	Problemi/ Ritardi
Data di completamento:	
Giorni di anticipo sulla tabella di marcia:	
Giorni di ritardo rispetto alla tabella di marcia:	

Problemi di sicurezza	Incidenti

Riepilogo del lavoro svolto oggi

Firma:

Nome:

Attrezzature in cantiere	Unità	Lavoro	
		Sì	No

Dipendente/ Appaltatore	Commercio	Ore contrattuali	Lavoro straordinario

Materiali consegnati	Da e tariffa	Attrezzature noleggiate	Unità

Note

Data:		Giorno:	Lun	Mar	Mer	Gio	Ven	Sab	Dom
Azienda:									
Telefono:									

Ore perse a causa del maltempo	Visitatori

Condizioni meteo

AM	PM

Programma	Problemi/ Ritardi
Data di completamento:	
Giorni di anticipo sulla tabella di marcia:	
Giorni di ritardo rispetto alla tabella di marcia:	

Problemi di sicurezza	Incidenti

Riepilogo del lavoro svolto oggi

Firma:	Nome:

Attrezzature in cantiere	Unità	Lavoro	
		Sì	No

Dipendente/ Appaltatore	Commercio	Ore contrattuali	Lavoro straordinario

Materiali consegnati	Da e tariffa	Attrezzature noleggiate	Unità

Note

Data:		Giorno:	Lun	Mar	Mer	Gio	Ven	Sab	Dom

Azienda:

Telefono:

Ore perse a causa del maltempo	Visitatori

Condizioni meteo	
AM	PM

Programma	Problemi/ Ritardi
Data di completamento:	
Giorni di anticipo sulla tabella di marcia:	
Giorni di ritardo rispetto alla tabella di marcia:	

Problemi di sicurezza	Incidenti

Riepilogo del lavoro svolto oggi

Firma:	Nome:

Attrezzature in cantiere	Unità	Lavoro	
		Sì	No

Dipendente/ Appaltatore	Commercio	Ore contrattuali	Lavoro straordinario

Materiali consegnati	Da e tariffa	Attrezzature noleggiate	Unità

Note

| Data: | | Giorno: | Lun | Mar | Mer | Gio | Ven | Sab | Dom |

Azienda:

Telefono:

Ore perse a causa del maltempo

Visitatori

Condizioni meteo

AM	PM

Programma

Data di completamento:

Giorni di anticipo sulla tabella di marcia:

Giorni di ritardo rispetto alla tabella di marcia:

Problemi/ Ritardi

Problemi di sicurezza

Incidenti

Riepilogo del lavoro svolto oggi

Firma:

Nome:

Attrezzature in cantiere	Unità	Lavoro	
		Sì	No

Dipendente/ Appaltatore	Commercio	Ore contrattuali	Lavoro straordinario

Materiali consegnati	Da e tariffa	Attrezzature noleggiate	Unità

Note

| Data: | | Giorno: | Lun | Mar | Mer | Gio | Ven | Sab | Dom |

Azienda:

Telefono:

Ore perse a causa del maltempo	Visitatori

Condizioni meteo	
AM	PM

Programma	Problemi/ Ritardi
Data di completamento:	
Giorni di anticipo sulla tabella di marcia:	
Giorni di ritardo rispetto alla tabella di marcia:	

Problemi di sicurezza	Incidenti

Riepilogo del lavoro svolto oggi

Firma:	Nome:

Attrezzature in cantiere	Unità	Lavoro	
		Sì	No

Dipendente/ Appaltatore	Commercio	Ore contrattuali	Lavoro straordinario

Materiali consegnati	Da e tariffa	Attrezzature noleggiate	Unità

Note

Data:		Giorno:	Lun Mar Mer Gio Ven Sab Dom
Azienda:			
Telefono:			

Ore perse a causa del maltempo	Visitatori

Condizioni meteo	
AM	PM

Programma	Problemi/ Ritardi
Data di completamento:	
Giorni di anticipo sulla tabella di marcia:	
Giorni di ritardo rispetto alla tabella di marcia:	

Problemi di sicurezza	Incidenti

Riepilogo del lavoro svolto oggi

Firma:	Nome:

Attrezzature in cantiere	Unità	Lavoro	
		Sì	No

Dipendente/ Appaltatore	Commercio	Ore contrattuali	Lavoro straordinario

Materiali consegnati	Da e tariffa	Attrezzature noleggiate	Unità

Note

Data:		Giorno:	Lun Mar Mer Gio Ven Sab Dom

Azienda:

Telefono:

Ore perse a causa del maltempo	Visitatori

Condizioni meteo	
AM	PM

Programma	Problemi/ Ritardi
Data di completamento:	
Giorni di anticipo sulla tabella di marcia:	
Giorni di ritardo rispetto alla tabella di marcia:	

Problemi di sicurezza	Incidenti

Riepilogo del lavoro svolto oggi

Firma:	Nome:

Attrezzature in cantiere	Unità	Lavoro	
		Sì	No

Dipendente/ Appaltatore	Commercio	Ore contrattuali	Lavoro straordinario

Materiali consegnati	Da e tariffa	Attrezzature noleggiate	Unità

Note

Data:		Giorno:	Lun	Mar	Mer	Gio	Ven	Sab	Dom

Azienda:

Telefono:

Ore perse a causa del maltempo	Visitatori

Condizioni meteo	
AM	PM

Programma

Data di completamento:	
Giorni di anticipo sulla tabella di marcia:	
Giorni di ritardo rispetto alla tabella di marcia:	

Problemi/ Ritardi

Problemi di sicurezza

Incidenti

Riepilogo del lavoro svolto oggi

Firma:	Nome:

Attrezzature in cantiere	Unità	Lavoro	
		Sì	No

Dipendente/ Appaltatore	Commercio	Ore contrattuali	Lavoro straordinario

Materiali consegnati	Da e tariffa	Attrezzature noleggiate	Unità

Note

Data:		Giorno:	Lun	Mar	Mer	Gio	Ven	Sab	Dom
Azienda:									
Telefono:									

Ore perse a causa del maltempo	Visitatori

Condizioni meteo	
AM	PM

Programma	Problemi/ Ritardi
Data di completamento:	
Giorni di anticipo sulla tabella di marcia:	
Giorni di ritardo rispetto alla tabella di marcia:	

Problemi di sicurezza	Incidenti

Riepilogo del lavoro svolto oggi

Firma:	Nome:

Attrezzature in cantiere	Unità	Lavoro	
		Sì	No

Dipendente/ Appaltatore	Commercio	Ore contrattuali	Lavoro straordinario

Materiali consegnati	Da e tariffa	Attrezzature noleggiate	Unità

Note

| Data: | | Giorno: | Lun | Mar | Mer | Gio | Ven | Sab | Dom |

Azienda:

Telefono:

Ore perse a causa del maltempo

Visitatori

Condizioni meteo

AM	PM

Programma

Data di completamento:

Giorni di anticipo sulla tabella di marcia:

Giorni di ritardo rispetto alla tabella di marcia:

Problemi/ Ritardi

Problemi di sicurezza

Incidenti

Riepilogo del lavoro svolto oggi

Firma:

Nome:

Attrezzature in cantiere	Unità	Lavoro	
		Sì	No

Dipendente/ Appaltatore	Commercio	Ore contrattuali	Lavoro straordinario

Materiali consegnati	Da e tariffa	Attrezzature noleggiate	Unità

Note

| Data: | | Giorno: | Lun | Mar | Mer | Gio | Ven | Sab | Dom |

Azienda:

Telefono:

Ore perse a causa del maltempo

Visitatori

Condizioni meteo

AM	PM

Programma

Data di completamento:

Giorni di anticipo sulla tabella di marcia:

Giorni di ritardo rispetto alla tabella di marcia:

Problemi/ Ritardi

Problemi di sicurezza

Incidenti

Riepilogo del lavoro svolto oggi

Firma:

Nome:

Attrezzature in cantiere	Unità	Lavoro	
		Sì	No

Dipendente/ Appaltatore	Commercio	Ore contrattuali	Lavoro straordinario

Materiali consegnati	Da e tariffa	Attrezzature noleggiate	Unità

Note

Data:		Giorno:	Lun	Mar	Mer	Gio	Ven	Sab	Dom
Azienda:									
Telefono:									

Ore perse a causa del maltempo	Visitatori

Condizioni meteo

AM	PM

Programma	Problemi/ Ritardi
Data di completamento:	
Giorni di anticipo sulla tabella di marcia:	
Giorni di ritardo rispetto alla tabella di marcia:	

Problemi di sicurezza	Incidenti

Riepilogo del lavoro svolto oggi

Firma:	Nome:

Attrezzature in cantiere	Unità	Lavoro	
		Sì	No

Dipendente/ Appaltatore	Commercio	Ore contrattuali	Lavoro straordinario

Materiali consegnati	Da e tariffa	Attrezzature noleggiate	Unità

Note

| Data: | | Giorno: | Lun | Mar | Mer | Gio | Ven | Sab | Don |

Azienda:

Telefono:

Ore perse a causa del maltempo

Visitatori

Condizioni meteo

AM	PM

Programma

Data di completamento:

Giorni di anticipo sulla tabella di marcia:

Giorni di ritardo rispetto alla tabella di marcia:

Problemi/ Ritardi

Problemi di sicurezza

Incidenti

Riepilogo del lavoro svolto oggi

Firma:

Nome:

Attrezzature in cantiere	Unità	Lavoro	
		Sì	No

Dipendente/ Appaltatore	Commercio	Ore contrattuali	Lavoro straordinario

Materiali consegnati	Da e tariffa	Attrezzature noleggiate	Unità

Note

Data:		Giorno:	Lun	Mar	Mer	Gio	Ven	Sab	Dom

Azienda:

Telefono:

Ore perse a causa del maltempo	Visitatori

Condizioni meteo	
AM	PM

Programma

Data di completamento:	
Giorni di anticipo sulla tabella di marcia:	
Giorni di ritardo rispetto alla tabella di marcia:	

Problemi/ Ritardi

Problemi di sicurezza

Incidenti

Riepilogo del lavoro svolto oggi

Firma:

Nome:

Attrezzature in cantiere	Unità	Lavoro	
		Sì	No

Dipendente/Appaltatore	Commercio	Ore contrattuali	Lavoro straordinario

Materiali consegnati	Da e tariffa	Attrezzature noleggiate	Unità

Note

Data:		Giorno:	Lun Mar Mer Gio Ven Sab Dom
Azienda:			
Telefono:			

Ore perse a causa del maltempo

Visitatori

Condizioni meteo

AM	PM

Programma

Data di completamento:	
Giorni di anticipo sulla tabella di marcia:	
Giorni di ritardo rispetto alla tabella di marcia:	

Problemi/ Ritardi

Problemi di sicurezza

Incidenti

Riepilogo del lavoro svolto oggi

Firma:

Nome:

Attrezzature in cantiere	Unità	Lavoro	
		Sì	No

Dipendente/ Appaltatore	Commercio	Ore contrattuali	Lavoro straordinario

Materiali consegnati	Da e tariffa	Attrezzature noleggiate	Unità

Note

| Data: | | Giorno: | Lun | Mar | Mer | Gio | Ven | Sab | Dom |

Azienda:

Telefono:

Ore perse a causa del maltempo	Visitatori

Condizioni meteo

AM	PM

Programma	Problemi/ Ritardi
Data di completamento:	
Giorni di anticipo sulla tabella di marcia:	
Giorni di ritardo rispetto alla tabella di marcia:	

Problemi di sicurezza	Incidenti

Riepilogo del lavoro svolto oggi

Firma:	Nome:

Attrezzature in cantiere	Unità	Lavoro	
		Sì	No

Dipendente/ Appaltatore	Commercio	Ore contrattuali	Lavoro straordinario

Materiali consegnati	Da e tariffa	Attrezzature noleggiate	Unità

Note

Data:		Giorno:	Lun	Mar	Mer	Gio	Ven	Sab	Dom
Azienda:									
Telefono:									

Ore perse a causa del maltempo

Visitatori

Condizioni meteo

AM	PM

Programma

Data di completamento:

Giorni di anticipo sulla tabella di marcia:

Giorni di ritardo rispetto alla tabella di marcia:

Problemi/ Ritardi

Problemi di sicurezza

Incidenti

Riepilogo del lavoro svolto oggi

Firma:

Nome:

Attrezzature in cantiere	Unità	Lavoro	
		Sì	No

Dipendente/ Appaltatore	Commercio	Ore contrattuali	Lavoro straordinario

Materiali consegnati	Da e tariffa	Attrezzature noleggiate	Unità

Note

Data:		Giorno:	Lun Mar Mer Gio Ven Sab Dom
Azienda:			
Telefono:			

Ore perse a causa del maltempo	Visitatori

Condizioni meteo	
AM	PM

Programma	Problemi/ Ritardi
Data di completamento:	
Giorni di anticipo sulla tabella di marcia:	
Giorni di ritardo rispetto alla tabella di marcia:	

Problemi di sicurezza	Incidenti

Riepilogo del lavoro svolto oggi

Firma:	Nome:

Attrezzature in cantiere	Unità	Lavoro	
		Sì	No

Dipendente/ Appaltatore	Commercio	Ore contrattuali	Lavoro straordinario

Materiali consegnati	Da e tariffa	Attrezzature noleggiate	Unità

Note

| Data: | | Giorno: | Lun | Mar | Mer | Gio | Ven | Sab | Dom |

Azienda:

Telefono:

Ore perse a causa del maltempo

Visitatori

Condizioni meteo

AM	PM

Programma

Data di completamento:

Giorni di anticipo sulla tabella di marcia:

Giorni di ritardo rispetto alla tabella di marcia:

Problemi/ Ritardi

Problemi di sicurezza

Incidenti

Riepilogo del lavoro svolto oggi

Firma:

Nome:

Attrezzature in cantiere	Unità	Lavoro	
		Sì	No

Dipendente/ Appaltatore	Commercio	Ore contrattuali	Lavoro straordinario

Materiali consegnati	Da e tariffa	Attrezzature noleggiate	Unità

Note

Data:		Giorno:	Lun	Mar	Mer	Gio	Ven	Sab	Dom

Azienda:

Telefono:

Ore perse a causa del maltempo	Visitatori

Condizioni meteo	
AM	PM

Programma	Problemi/ Ritardi
Data di completamento:	
Giorni di anticipo sulla tabella di marcia:	
Giorni di ritardo rispetto alla tabella di marcia:	

Problemi di sicurezza	Incidenti

Riepilogo del lavoro svolto oggi

Firma:	Nome:

Attrezzature in cantiere	Unità	Lavoro	
		Sì	No

Dipendente/Appaltatore	Commercio	Ore contrattuali	Lavoro straordinario

Materiali consegnati	Da e tariffa	Attrezzature noleggiate	Unità

Note

<table>
<tr><td>Data:</td><td></td><td>Giorno:</td><td>Lun</td><td>Mar</td><td>Mer</td><td>Gio</td><td>Ven</td><td>Sab</td><td>Dom</td></tr>
</table>

Azienda:

Telefono:

Ore perse a causa del maltempo	Visitatori

Condizioni meteo	
AM	PM

Programma	Problemi/ Ritardi
Data di completamento:	
Giorni di anticipo sulla tabella di marcia:	
Giorni di ritardo rispetto alla tabella di marcia:	

Problemi di sicurezza	Incidenti

Riepilogo del lavoro svolto oggi

Firma:

Nome:

Attrezzature in cantiere	Unità	Lavoro	
		Sì	No

Dipendente/ Appaltatore	Commercio	Ore contrattuali	Lavoro straordinario

Materiali consegnati	Da e tariffa	Attrezzature noleggiate	Unità

Note

| Data: | | Giorno: | Lun | Mar | Mer | Gio | Ven | Sab | Dom |

Azienda:

Telefono:

Ore perse a causa del maltempo	Visitatori

Condizioni meteo	
AM	PM

Programma

Data di completamento:

Giorni di anticipo sulla tabella di marcia:

Giorni di ritardo rispetto alla tabella di marcia:

Problemi/ Ritardi

Problemi di sicurezza

Incidenti

Riepilogo del lavoro svolto oggi

Firma:

Nome:

Attrezzature in cantiere	Unità	Lavoro	
		Sì	No

Dipendente/Appaltatore	Commercio	Ore contrattuali	Lavoro straordinario

Materiali consegnati	Da e tariffa	Attrezzature noleggiate	Unità

Note

Data:		Giorno:	Lun	Mar	Mer	Gio	Ven	Sab	Dom
Azienda:									
Telefono:									

Ore perse a causa del maltempo	Visitatori

Condizioni meteo

AM	PM

Programma

Data di completamento:	
Giorni di anticipo sulla tabella di marcia:	
Giorni di ritardo rispetto alla tabella di marcia:	

Problemi/ Ritardi

Problemi di sicurezza

Incidenti

Riepilogo del lavoro svolto oggi

Firma:

Nome:

Attrezzature in cantiere	Unità	Lavoro	
		Sì	No

Dipendente/ Appaltatore	Commercio	Ore contrattuali	Lavoro straordinario

Materiali consegnati	Da e tariffa	Attrezzature noleggiate	Unità

Note

Data:		Giorno:	Lun Mar Mer Gio Ven Sab Dom
Azienda:			
Telefono:			

Ore perse a causa del maltempo	Visitatori

Condizioni meteo	
AM	PM

Programma	Problemi/ Ritardi
Data di completamento:	
Giorni di anticipo sulla tabella di marcia:	
Giorni di ritardo rispetto alla tabella di marcia:	

Problemi di sicurezza	Incidenti

Riepilogo del lavoro svolto oggi

Firma:	Nome:

Attrezzature in cantiere	Unità	Lavoro	
		Sì	No

Dipendente/ Appaltatore	Commercio	Ore contrattuali	Lavoro straordinario

Materiali consegnati	Da e tariffa	Attrezzature noleggiate	Unità

Note

| Data: | | Giorno: | Lun | Mar | Mer | Gio | Ven | Sab | Dom |

Azienda:

Telefono:

Ore perse a causa del maltempo	Visitatori

Condizioni meteo	
AM	PM

Programma	Problemi/ Ritardi
Data di completamento:	
Giorni di anticipo sulla tabella di marcia:	
Giorni di ritardo rispetto alla tabella di marcia:	

Problemi di sicurezza	Incidenti

Riepilogo del lavoro svolto oggi

Firma:

Nome:

Attrezzature in cantiere	Unità	Lavoro	
		Sì	No

Dipendente/ Appaltatore	Commercio	Ore contrattuali	Lavoro straordinario

Materiali consegnati	Da e tariffa	Attrezzature noleggiate	Unità

Note

Data:		Giorno:	Lun	Mar	Mer	Gio	Ven	Sab	Dom

Azienda:

Telefono:

Ore perse a causa del maltempo	Visitatori

Condizioni meteo

AM	PM

Programma	Problemi/ Ritardi

Data di completamento:

Giorni di anticipo sulla tabella di marcia:

Giorni di ritardo rispetto alla tabella di marcia:

Problemi di sicurezza	Incidenti

Riepilogo del lavoro svolto oggi

Firma:

Nome:

Attrezzature in cantiere	Unità	Lavoro	
		Sì	No

Dipendente/ Appaltatore	Commercio	Ore contrattuali	Lavoro straordinario

Materiali consegnati	Da e tariffa	Attrezzature noleggiate	Unità

Note

Data:		Giorno:	Lun Mar Mer Gio Ven Sab Dom
Azienda:			
Telefono:			

<table>
<tr><th colspan="2">Ore perse a causa
del maltempo</th><th colspan="2">Visitatori</th></tr>
<tr><td colspan="2"></td><td colspan="2"></td></tr>
<tr><td colspan="2"></td><td colspan="2"></td></tr>
<tr><td colspan="2"></td><td colspan="2"></td></tr>
<tr><th colspan="2">Condizioni meteo</th><td colspan="2"></td></tr>
<tr><th>AM</th><th>PM</th><td colspan="2"></td></tr>
<tr><td></td><td></td><td colspan="2"></td></tr>
</table>

<table>
<tr><th colspan="2">Programma</th><th>Problemi/ Ritardi</th></tr>
<tr><td>Data di completamento:</td><td></td><td></td></tr>
<tr><td>Giorni di anticipo sulla tabella di marcia:</td><td></td><td></td></tr>
<tr><td>Giorni di ritardo rispetto alla tabella di marcia:</td><td></td><td></td></tr>
</table>

Problemi di sicurezza	Incidenti

Riepilogo del lavoro svolto oggi

Firma:	Nome:

Attrezzature in cantiere	Unità	Lavoro	
		Sì	No

Dipendente/ Appaltatore	Commercio	Ore contrattuali	Lavoro straordinario

Materiali consegnati	Da e tariffa	Attrezzature noleggiate	Unità

Note

| Data: | | Giorno: | Lun | Mar | Mer | Gio | Ven | Sab | Dom |

Azienda:

Telefono:

Ore perse a causa del maltempo	Visitatori

Condizioni meteo	
AM	PM

Programma	Problemi/ Ritardi
Data di completamento:	
Giorni di anticipo sulla tabella di marcia:	
Giorni di ritardo rispetto alla tabella di marcia:	

Problemi di sicurezza	Incidenti

Riepilogo del lavoro svolto oggi

Firma:	Nome:

Attrezzature in cantiere	Unità	Lavoro	
		Sì	No

Dipendente/ Appaltatore	Commercio	Ore contrattuali	Lavoro straordinario

Materiali consegnati	Da e tariffa	Attrezzature noleggiate	Unità

Note

Data:		Giorno:	Lun	Mar	Mer	Gio	Ven	Sab	Dom
Azienda:									
Telefono:									

Ore perse a causa del maltempo	Visitatori

Condizioni meteo

AM	PM

Programma	Problemi/ Ritardi
Data di completamento:	
Giorni di anticipo sulla tabella di marcia:	
Giorni di ritardo rispetto alla tabella di marcia:	

Problemi di sicurezza	Incidenti

Riepilogo del lavoro svolto oggi

Firma:

Nome:

Attrezzature in cantiere	Unità	Lavoro	
		Sì	No

Dipendente/Appaltatore	Commercio	Ore contrattuali	Lavoro straordinario

Materiali consegnati	Da e tariffa	Attrezzature noleggiate	Unità

Note

Data:		Giorno:	Lun	Mar	Mer	Gio	Ven	Sab	Dom

Azienda:

Telefono:

Ore perse a causa del maltempo	Visitatori

Condizioni meteo	
AM	PM

Programma	Problemi/ Ritardi
Data di completamento:	
Giorni di anticipo sulla tabella di marcia:	
Giorni di ritardo rispetto alla tabella di marcia:	

Problemi di sicurezza	Incidenti

Riepilogo del lavoro svolto oggi

Firma:	Nome:

Attrezzature in cantiere	Unità	Lavoro	
		Sì	No

Dipendente/ Appaltatore	Commercio	Ore contrattuali	Lavoro straordinario

Materiali consegnati	Da e tariffa	Attrezzature noleggiate	Unità

Note

| Data: | | Giorno: | Lun | Mar | Mer | Gio | Ven | Sab | Dom |

Azienda:

Telefono:

Ore perse a causa del maltempo

Visitatori

Condizioni meteo

AM	PM

Programma

Data di completamento:

Giorni di anticipo sulla tabella di marcia:

Giorni di ritardo rispetto alla tabella di marcia:

Problemi/ Ritardi

Problemi di sicurezza

Incidenti

Riepilogo del lavoro svolto oggi

Firma:

Nome:

Attrezzature in cantiere	Unità	Lavoro	
		Sì	No

Dipendente/Appaltatore	Commercio	Ore contrattuali	Lavoro straordinario

Materiali consegnati	Da e tariffa	Attrezzature noleggiate	Unità

Note

Data:		Giorno:	Lun Mar Mer Gio Ven Sab Dom
Azienda:			
Telefono:			

Ore perse a causa del maltempo	Visitatori

Condizioni meteo

AM	PM

Programma	Problemi/ Ritardi
Data di completamento:	
Giorni di anticipo sulla tabella di marcia:	
Giorni di ritardo rispetto alla tabella di marcia:	

Problemi di sicurezza	Incidenti

Riepilogo del lavoro svolto oggi

Firma:	Nome:

Attrezzature in cantiere	Unità	Lavoro	
		Sì	No

Dipendente/ Appaltatore	Commercio	Ore contrattuali	Lavoro straordinario

Materiali consegnati	Da e tariffa	Attrezzature noleggiate	Unità

Note

Data:		Giorno:	Lun	Mar	Mer	Gio	Ven	Sab	Dom
Azienda:									
Telefono:									

Ore perse a causa del maltempo

Visitatori

Condizioni meteo

AM	PM

Programma

Data di completamento:

Giorni di anticipo sulla tabella di marcia:

Giorni di ritardo rispetto alla tabella di marcia:

Problemi/ Ritardi

Problemi di sicurezza

Incidenti

Riepilogo del lavoro svolto oggi

Firma:

Nome:

Attrezzature in cantiere	Unità	Lavoro	
		Sì	No

Dipendente/ Appaltatore	Commercio	Ore contrattuali	Lavoro straordinario

Materiali consegnati	Da e tariffa	Attrezzature noleggiate	Unità

Note

Data:		Giorno:	Lun Mar Mer Gio Ven Sab Dom

Azienda:

Telefono:

Ore perse a causa del maltempo	Visitatori

Condizioni meteo

AM	PM

Programma	Problemi/ Ritardi
Data di completamento:	
Giorni di anticipo sulla tabella di marcia:	
Giorni di ritardo rispetto alla tabella di marcia:	

Problemi di sicurezza	Incidenti

Riepilogo del lavoro svolto oggi

Firma:	Nome:

Attrezzature in cantiere	Unità	Lavoro	
		Sì	No

Dipendente/ Appaltatore	Commercio	Ore contrattuali	Lavoro straordinario

Materiali consegnati	Da e tariffa	Attrezzature noleggiate	Unità

Note

Data:		Giorno:	Lun	Mar	Mer	Gio	Ven	Sab	Dom

Azienda:

Telefono:

Ore perse a causa del maltempo	Visitatori

Condizioni meteo	
AM	PM

Programma	Problemi/ Ritardi
Data di completamento:	
Giorni di anticipo sulla tabella di marcia:	
Giorni di ritardo rispetto alla tabella di marcia:	

Problemi di sicurezza	Incidenti

Riepilogo del lavoro svolto oggi

Firma:

Nome:

Attrezzature in cantiere	Unità	Lavoro	
		Sì	No

Dipendente/ Appaltatore	Commercio	Ore contrattuali	Lavoro straordinario

Materiali consegnati	Da e tariffa	Attrezzature noleggiate	Unità

Note

Data:		Giorno:	Lun	Mar	Mer	Gio	Ven	Sab	Dom

Azienda:

Telefono:

Ore perse a causa del maltempo	Visitatori

Condizioni meteo	
AM	PM

Programma	Problemi/ Ritardi
Data di completamento:	
Giorni di anticipo sulla tabella di marcia:	
Giorni di ritardo rispetto alla tabella di marcia:	

Problemi di sicurezza	Incidenti

Riepilogo del lavoro svolto oggi

Firma:	Nome:

Attrezzature in cantiere	Unità	Lavoro	
		Sì	No

Dipendente/Appaltatore	Commercio	Ore contrattuali	Lavoro straordinario

Materiali consegnati	Da e tariffa	Attrezzature noleggiate	Unità

Note

Data:		Giorno:	Lun Mar Mer Gio Ven Sab Dom
Azienda:			
Telefono:			

Ore perse a causa del maltempo	Visitatori

Condizioni meteo

AM	PM

Programma	Problemi/ Ritardi
Data di completamento:	
Giorni di anticipo sulla tabella di marcia:	
Giorni di ritardo rispetto alla tabella di marcia:	

Problemi di sicurezza	Incidenti

Riepilogo del lavoro svolto oggi

Firma:	Nome:

Attrezzature in cantiere	Unità	Lavoro	
		Sì	No

Dipendente/ Appaltatore	Commercio	Ore contrattuali	Lavoro straordinario

Materiali consegnati	Da e tariffa	Attrezzature noleggiate	Unità

Note

<table>
<tr><td>Data:</td><td colspan="2"></td><td>Giorno:</td><td>Lun Mar Mer Gio Ven Sab Dom</td></tr>
<tr><td>Azienda:</td><td colspan="4"></td></tr>
<tr><td>Telefono:</td><td colspan="4"></td></tr>
</table>

Ore perse a causa del maltempo	Visitatori

Condizioni meteo		Visitatori
AM	PM	

Programma	Problemi/ Ritardi
Data di completamento:	
Giorni di anticipo sulla tabella di marcia:	
Giorni di ritardo rispetto alla tabella di marcia:	

Problemi di sicurezza	Incidenti

Riepilogo del lavoro svolto oggi

Firma:	Nome:

Attrezzature in cantiere	Unità	Lavoro	
		Sì	No

Dipendente/ Appaltatore	Commercio	Ore contrattuali	Lavoro straordinario

Materiali consegnati	Da e tariffa	Attrezzature noleggiate	Unità

Note

Data:		Giorno:	Lun	Mar	Mer	Gio	Ven	Sab	Dom
Azienda:									
Telefono:									

Ore perse a causa del maltempo

Visitatori

Condizioni meteo

AM	PM

Programma

Data di completamento:

Giorni di anticipo sulla tabella di marcia:

Giorni di ritardo rispetto alla tabella di marcia:

Problemi/ Ritardi

Problemi di sicurezza

Incidenti

Riepilogo del lavoro svolto oggi

Firma:

Nome:

Attrezzature in cantiere	Unità	Lavoro	
		Sì	No

Dipendente/ Appaltatore	Commercio	Ore contrattuali	Lavoro straordinario

Materiali consegnati	Da e tariffa	Attrezzature noleggiate	Unità

Note

| Data: | | Giorno: | Lun | Mar | Mer | Gio | Ven | Sab | Dom |

Azienda:

Telefono:

Ore perse a causa del maltempo

Visitatori

Condizioni meteo

AM	PM

Programma

Data di completamento:	
Giorni di anticipo sulla tabella di marcia:	
Giorni di ritardo rispetto alla tabella di marcia:	

Problemi/ Ritardi

Problemi di sicurezza

Incidenti

Riepilogo del lavoro svolto oggi

Firma:

Nome:

Attrezzature in cantiere	Unità	Lavoro	
		Sì	No

Dipendente/ Appaltatore	Commercio	Ore contrattuali	Lavoro straordinario

Materiali consegnati	Da e tariffa	Attrezzature noleggiate	Unità

Note

Data:		Giorno:	Lun	Mar	Mer	Gio	Ven	Sab	Dom

Azienda:

Telefono:

Ore perse a causa del maltempo	Visitatori

Condizioni meteo	
AM	PM

Programma

Data di completamento:

Giorni di anticipo sulla tabella di marcia:

Giorni di ritardo rispetto alla tabella di marcia:

Problemi/ Ritardi

Problemi di sicurezza

Incidenti

Riepilogo del lavoro svolto oggi

Firma:

Nome:

Attrezzature in cantiere	Unità	Lavoro	
		Sì	No

Dipendente/ Appaltatore	Commercio	Ore contrattuali	Lavoro straordinario

Materiali consegnati	Da e tariffa	Attrezzature noleggiate	Unità

Note

Data:		Giorno:	Lun Mar Mer Gio Ven Sab Dom
Azienda:			
Telefono:			

Ore perse a causa del maltempo	Visitatori

Condizioni meteo		
AM	PM	

Programma	Problemi/ Ritardi
Data di completamento:	
Giorni di anticipo sulla tabella di marcia:	
Giorni di ritardo rispetto alla tabella di marcia:	

Problemi di sicurezza	Incidenti

Riepilogo del lavoro svolto oggi

Firma:	Nome:

Attrezzature in cantiere	Unità	Lavoro	
		Sì	No

Dipendente/Appaltatore	Commercio	Ore contrattuali	Lavoro straordinario

Materiali consegnati	Da e tariffa	Attrezzature noleggiate	Unità

Note

Data:		Giorno:	Lun	Mar	Mer	Gio	Ven	Sab	Dom

Azienda:

Telefono:

Ore perse a causa del maltempo	Visitatori

Condizioni meteo

AM	PM

Programma	Problemi/ Ritardi

Data di completamento:

Giorni di anticipo sulla tabella di marcia:

Giorni di ritardo rispetto alla tabella di marcia:

Problemi di sicurezza	Incidenti

Riepilogo del lavoro svolto oggi

Firma:

Nome:

Attrezzature in cantiere	Unità	Lavoro	
		Sì	No

Dipendente/ Appaltatore	Commercio	Ore contrattuali	Lavoro straordinario

Materiali consegnati	Da e tariffa	Attrezzature noleggiate	Unità

Note

Data:		Giorno:	Lun	Mar	Mer	Gio	Ven	Sab	Dom
Azienda:									
Telefono:									

Ore perse a causa del maltempo

Visitatori

Condizioni meteo

AM	PM

Programma

Data di completamento:

Giorni di anticipo sulla tabella di marcia:

Giorni di ritardo rispetto alla tabella di marcia:

Problemi/ Ritardi

Problemi di sicurezza

Incidenti

Riepilogo del lavoro svolto oggi

Firma:

Nome:

Attrezzature in cantiere	Unità	Lavoro	
		Sì	No

Dipendente/ Appaltatore	Commercio	Ore contrattuali	Lavoro straordinario

Materiali consegnati	Da e tariffa	Attrezzature noleggiate	Unità

Note

Data:		Giorno:	Lun	Mar	Mer	Gio	Ven	Sab	Dom

Azienda:

Telefono:

Ore perse a causa del maltempo	**Visitatori**

Condizioni meteo	
AM	PM

Programma	**Problemi/ Ritardi**
Data di completamento:	
Giorni di anticipo sulla tabella di marcia:	
Giorni di ritardo rispetto alla tabella di marcia:	

Problemi di sicurezza	**Incidenti**

Riepilogo del lavoro svolto oggi

Firma:

Nome:

Attrezzature in cantiere	Unità	Lavoro	
		Sì	No

Dipendente/ Appaltatore	Commercio	Ore contrattuali	Lavoro straordinario

Materiali consegnati	Da e tariffa	Attrezzature noleggiate	Unità

Note

| Data: | | Giorno: | Lun | Mar | Mer | Gio | Ven | Sab | Dom |

Azienda:

Telefono:

Ore perse a causa del maltempo

Visitatori

Condizioni meteo

AM	PM

Programma

Data di completamento:

Giorni di anticipo sulla tabella di marcia:

Giorni di ritardo rispetto alla tabella di marcia:

Problemi/ Ritardi

Problemi di sicurezza

Incidenti

Riepilogo del lavoro svolto oggi

Firma:

Nome:

Attrezzature in cantiere	Unità	Lavoro	
		Sì	No

Dipendente/ Appaltatore	Commercio	Ore contrattuali	Lavoro straordinario

Materiali consegnati	Da e tariffa	Attrezzature noleggiate	Unità

Note

| Data: | | Giorno: | Lun | Mar | Mer | Gio | Ven | Sab | Dom |

Azienda:

Telefono:

Ore perse a causa del maltempo	Visitatori

Condizioni meteo	
AM	PM

Programma	Problemi/ Ritardi
Data di completamento:	
Giorni di anticipo sulla tabella di marcia:	
Giorni di ritardo rispetto alla tabella di marcia:	

Problemi di sicurezza	Incidenti

Riepilogo del lavoro svolto oggi

Firma:	Nome:

Attrezzature in cantiere	Unità	Lavoro	
		Sì	No

Dipendente/Appaltatore	Commercio	Ore contrattuali	Lavoro straordinario

Materiali consegnati	Da e tariffa	Attrezzature noleggiate	Unità

Note

Data: Giorno: Lun Mar Mer Gio Ven Sab Dom

Azienda:

Telefono:

Ore perse a causa del maltempo

Visitatori

Condizioni meteo

AM	PM

Programma

Data di completamento:

Giorni di anticipo sulla tabella di marcia:

Giorni di ritardo rispetto alla tabella di marcia:

Problemi/ Ritardi

Problemi di sicurezza

Incidenti

Riepilogo del lavoro svolto oggi

Firma: Nome:

Attrezzature in cantiere	Unità	Lavoro	
		Sì	No

Dipendente/ Appaltatore	Commercio	Ore contrattuali	Lavoro straordinario

Materiali consegnati	Da e tariffa	Attrezzature noleggiate	Unità

Note

| Data: | | Giorno: | Lun | Mar | Mer | Gio | Ven | Sab | Don |

Azienda:

Telefono:

Ore perse a causa del maltempo

Visitatori

Condizioni meteo

AM	PM

Programma

Data di completamento:

Giorni di anticipo sulla tabella di marcia:

Giorni di ritardo rispetto alla tabella di marcia:

Problemi/ Ritardi

Problemi di sicurezza

Incidenti

Riepilogo del lavoro svolto oggi

Firma:

Nome:

Attrezzature in cantiere	Unità	Lavoro	
		Sì	No

Dipendente/ Appaltatore	Commercio	Ore contrattuali	Lavoro straordinario

Materiali consegnati	Da e tariffa	Attrezzature noleggiate	Unità

Note

Data:		Giorno:	Lun	Mar	Mer	Gio	Ven	Sab	Dom
Azienda:									
Telefono:									

Ore perse a causa del maltempo	Visitatori

Condizioni meteo	
AM	PM

Programma	Problemi/ Ritardi
Data di completamento:	
Giorni di anticipo sulla tabella di marcia:	
Giorni di ritardo rispetto alla tabella di marcia:	

Problemi di sicurezza	Incidenti

Riepilogo del lavoro svolto oggi

Firma:	Nome:

Attrezzature in cantiere	Unità	Lavoro	
		Sì	No

Dipendente/ Appaltatore	Commercio	Ore contrattuali	Lavoro straordinario

Materiali consegnati	Da e tariffa	Attrezzature noleggiate	Unità

Note

Data:		Giorno:	Lun	Mar	Mer	Gio	Ven	Sab	Dom
Azienda:									
Telefono:									

Ore perse a causa del maltempo	Visitatori

Condizioni meteo

AM	PM

Programma	Problemi/ Ritardi
Data di completamento:	
Giorni di anticipo sulla tabella di marcia:	
Giorni di ritardo rispetto alla tabella di marcia:	

Problemi di sicurezza	Incidenti

Riepilogo del lavoro svolto oggi

Firma:	Nome:

Attrezzature in cantiere	Unità	Lavoro	
		Sì	No

Dipendente/ Appaltatore	Commercio	Ore contrattuali	Lavoro straordinario

Materiali consegnati	Da e tariffa	Attrezzature noleggiate	Unità

Note

| Data: | | Giorno: | Lun | Mar | Mer | Gio | Ven | Sab | Dom |

Azienda:

Telefono:

Ore perse a causa del maltempo	Visitatori

Condizioni meteo

AM	PM

Programma

Data di completamento:	
Giorni di anticipo sulla tabella di marcia:	
Giorni di ritardo rispetto alla tabella di marcia:	

Problemi/ Ritardi

Problemi di sicurezza

Incidenti

Riepilogo del lavoro svolto oggi

Firma:

Nome:

Attrezzature in cantiere	Unità	Lavoro	
		Sì	No

Dipendente/ Appaltatore	Commercio	Ore contrattuali	Lavoro straordinario

Materiali consegnati	Da e tariffa	Attrezzature noleggiate	Unità

Note

Data:		Giorno:	Lun	Mar	Mer	Gio	Ven	Sab	Dom
Azienda:									
Telefono:									

Ore perse a causa del maltempo

Visitatori

Condizioni meteo

AM	PM

Programma

Data di completamento:	
Giorni di anticipo sulla tabella di marcia:	
Giorni di ritardo rispetto alla tabella di marcia:	

Problemi/ Ritardi

Problemi di sicurezza

Incidenti

Riepilogo del lavoro svolto oggi

Firma:	Nome:

Attrezzature in cantiere	Unità	Lavoro	
		Sì	No

Dipendente/ Appaltatore	Commercio	Ore contrattuali	Lavoro straordinario

Materiali consegnati	Da e tariffa	Attrezzature noleggiate	Unità

Note

Data:	Giorno:	Lun	Mar	Mer	Gio	Ven	Sab	Dom

Azienda:

Telefono:

Ore perse a causa del maltempo	Visitatori

Condizioni meteo

AM	PM

Programma	Problemi/ Ritardi

Data di completamento:

Giorni di anticipo sulla tabella di marcia:

Giorni di ritardo rispetto alla tabella di marcia:

Problemi di sicurezza	Incidenti

Riepilogo del lavoro svolto oggi

Firma:

Nome:

Attrezzature in cantiere	Unità	Lavoro	
		Sì	No

Dipendente/ Appaltatore	Commercio	Ore contrattuali	Lavoro straordinario

Materiali consegnati	Da e tariffa	Attrezzature noleggiate	Unità

Note

| Data: | | Giorno: | Lun | Mar | Mer | Gio | Ven | Sab | Don |

Azienda:

Telefono:

Ore perse a causa del maltempo

Visitatori

Condizioni meteo

AM	PM

Programma

Data di completamento:

Giorni di anticipo sulla tabella di marcia:

Giorni di ritardo rispetto alla tabella di marcia:

Problemi/ Ritardi

Problemi di sicurezza

Incidenti

Riepilogo del lavoro svolto oggi

Firma:

Nome:

Attrezzature in cantiere	Unità	Lavoro	
		Sì	No

Dipendente/ Appaltatore	Commercio	Ore contrattuali	Lavoro straordinario

Materiali consegnati	Da e tariffa	Attrezzature noleggiate	Unità

Note

Data:		Giorno:	Lun Mar Mer Gio Ven Sab Dom

Azienda:

Telefono:

Ore perse a causa del maltempo

Visitatori

Condizioni meteo

AM	PM

Programma

Data di completamento:

Giorni di anticipo sulla tabella di marcia:

Giorni di ritardo rispetto alla tabella di marcia:

Problemi/ Ritardi

Problemi di sicurezza

Incidenti

Riepilogo del lavoro svolto oggi

Firma:

Nome:

Attrezzature in cantiere	Unità	Lavoro	
		Sì	No

Dipendente/Appaltatore	Commercio	Ore contrattuali	Lavoro straordinario

Materiali consegnati	Da e tariffa	Attrezzature noleggiate	Unità

Note

9 783986 088729